Ernst Probst

Die Ahrensburger Kultur

Eine Kulturstufe der Altsteinzeit
vor etwa 12.700 bis 11.650 Jahren

Widmung

Den Prähistorikern und Prähistorikerinnen gewidmet, die mich bei meinen Büchern über die Steinzeit unterstützt haben

Impressum:
Die Ahrensburger Kultur
1. Auflage als Printbuch: April 2021
Autor: Ernst Probst
Im See 11, 55246 Mainz-Kostheim
Telefon: 06134/21152
E-Mail: ernst.probst (at) gmx.de
Herstellung: Amazon Distribution GmbH, Leipzig
Alle Rechte vorbehalten
ISBN: 979-8-741-52874-7

Vorwort

Mit einer Kulturstufe der Altsteinzeit, die in eine rätselhafte Kaltphase fiel, befasst sich das Taschenbuch „Die Ahrensburger Kultur" des Wiesbadener Wissenschaftsautors Ernst Probst. Diese Kulturstufe existierte vor etwa 12.700 bis 11.650 Jahren vor allem in Schleswig-Holstein und Niedersachsen, gebietsweise aber auch in Mecklenburg, Brandenburg, Nordrhein-Westfalen, Rheinland-Pfalz und Luxemburg. Zu Beginn der als Jüngere Dryaszeit bezeichneten Kaltphase sanken die Temperaturen innerhalb weniger Jahrzehnte um bis zu 10 Grad Celsius. Und an ihrem Ende stiegen sie in ungefähr 50 Jahren wieder um 10 Grad Celsius an. Was diese Kaltphase verursachte, ist umstritten. Als Auslöser werden ein Vulkanausbruch in Deutschland, die Explosion eines Himmelskörpers über Kanada oder eine Störung der warmen Meeresströmung des Nordatlantikstroms diskutiert. Die Jäger der „Ahrensburger Kultur" haben mit Pfeil und Bogen, Harpunen und Beilen aus Geweih vor allem Rentiere erlegt. Sie lebten oft in Zelten und Hütten, suchten aber auch Höhlen auf. Ihre Kunstwerke zeigen weder Tier- noch Menschenmotive. Bisher sind keine Skelettreste von ihnen bekannt. Über ihre Religion kann man nur spekulieren.

*Jagd mit Pfeil und Bogen zur Zeit der „Ahrensburger Kultur".
Zeichnung von Fritz Wendler (1941–1995)
für das Buch „Deutschland in der Steinzeit" (1991)
von Ernst Probst*

Inhalt

Vorwort / Seite 3

Die Ahrensburger Kultur / Seite 7

Literatur / Seite 43

Der Autor / Seite 49

Bücher von Ernst Probst / Seite 51

*Kieler Prähistoriker Gustav Schwantes (1881–1960).
Foto aus Kakteenkunde, Jahrgang 1936, Heft 2, S. 27*

Die Ahrensburger Kultur

Zu Beginn der letzten Kaltphase innerhalb der Weichsel-Eiszeit, die als Jüngere Dryaszeit bezeichnet wird, löste die weitgehend zeitgleiche „Ahrensburger Kultur" in Norddeutschland die Federmesser-Gruppen ab. Die „Ahrensburger Kultur" war vor allem in Schleswig-Holstein und Niedersachsen, gebietsweise aber auch in Mecklenburg, Brandenburg, Nordrhein-Westfalen, Rheinland-Pfalz und Luxemburg verbreitet. Sie behauptete sich etwa von etwa 12.700 bis 11.650 Jahren vor heute.

Den Begriff „Ahrensburger Kultur" hat 1928 der damals in Hamburg lebende Prähistoriker Gustav Schwantes (1881–1960) eingeführt, auf den auch die Bezeichnung „Hamburger Kultur" zurückgeht. Benannt wurde die „Ahrensburger Kultur" nach einigen Fundstellen in der Umgebung der etwa 25 Kilometer nordöstlich von Hamburg gelegenen Stadt Ahrensburg in Schleswig-Holstein (Borneck, Hagewisch, Hopfenbach und Poggenwisch).

Schwabedissen unterrichtete ursprünglich als Lehrer. 1923 promovierte er an der Universität Hamburg. Ab 1923 war er Kustos beim Museum für Völkerkunde und Vorgeschichte Hamburg. 1928 habilitierte er sich. Ab 1929 fungierte er als Museumsdirektor in Kiel und Dozent an der Universität Kiel. 1931 wurde er außerordentlicher Professor, 1937 Ordinarius und 1946 emeritiert. Er gab die Zeitschrift „Offa" und die „Offa-Bücher" heraus.

Um die Erforschung der „Hamburger Kultur" vor etwa 15.700 bis 14.200 Jahren und der „Ahrensburger Kultur" vor etwa 12.700 bis 11.650 Jahren hat sich der in Hamburg geborene Prähistoriker Alfred Rust (1900–1983) große Verdienste er-

*Der Ahrensburger Prähistoriker Alfred Rust (1900–1983)
hat sich durch seine Ausgrabungen und Veröffentlichungen
um die Erforschung der „Hamburger Kultur"
und „Ahrensburger Kultur" große Verdienste erworben.
Foto: Dipl.-Ing. Klaus Möller, Ahrensburg*

worben. Der Sohn eines Tischlers legte 1926 nach dem Besuch der Volksschule und einer Lehre als Elektrotechniker die Meisterprüfung ab. Bis 1930 war er technischer Leiter einer Hamburger Elektrofirma. In seiner Freizeit betrieb er an der Volkshochschule Hamburg biologische, kunsthistorische und archäologische Studien. Ab 1928 nahm er regelmäßig an den Seminaren des erwähnten Prähistorikers Gustav Schwantes teil. Von 1930 bis 1933 unternahm er mehrere Reisen in den Vorderen Orient. Seinen ersten wissenschaftlicher Erfolg hatte er in den Höhlen von Jabrud in Syrien, in denen er 45 Schichten von der Altsteinzeit bis zur Jungsteinzeit freilegte. 1933/34 wies er bei Grabungen nahe Meiendorf nördlich von Hamburg erstmals die Anwesenheit von Menschen während der Eiszeit in Norddeutschland nach. 1935/36 grub er in Ablagerungen eines verlandeten Sees beim Hof Stellmoor nahe Ahrensburg erneut späteiszeitliche Fundschichten aus. Dabei klärte er die zeitliche Stellung der „Hamburger Kultur" und „Ahrensburger Kultur". 1942 erfolgte die Habilitierung an der Universität Kiel. Später unternahm er Grabungen im Ahrensburger Tunneltal nördlich von Hamburg, beispielsweise am Pinnberg, auf der Poggenwisch und am Borneck. Von 1939 bis zu seiner Versetzung in den Ruhestand 1965 betätigte sich Rust als wissenschaftlicher Mitarbeiter beim Landesamt und Landesmuseum für Vor-und Frühgeschichte von Schleswig-Holstein. Für seine Verdienste erhielt er zahlreiche Auszeichnungen, darunter den Ehrendoktortitel in Kiel 1940 und die Ehrenbürgerwürde von Ahrensburg 1965.

Die „Ahrensburger Kultur" fiel in die Klimastufe Jüngere Dryaszeit (auch Jüngere Dryas, Jüngere Tundrazeit, Jüngere Tundrenzeit oder Dryas 3 genannt), eine Kaltphase vor etwa 12.730 bis 11.700/11.600 Jahren. Den Begriff Jüngere Dryaszeit hat 1935 der dänische Botaniker und Geologe Knud Jessen

*Die Tabelle über eiszeitliche Klimastufen auf Seite 11
stammt aus dem Artikel über die Jüngere Dryaszeit
aus der freien Enzyklopädie Wikipedia
und steht unter der Lizenz
Creative Commons CC-BY-SA 3.0 Unported (Kurzfassung).
In der Wikipedia ist eine Liste der Autoren verfügbar.*

Serie/ (Glazial)	Klimastufen	Zeitraum v. Chr.
Holozän	Präboreal	9.610– 8.690
Pleistozän (Weichsel- - Spätglazial)	Jüngere Dryaszeit	10.730– 9.700 ± 99
	Alleröd-Interstadial	11.400– 10.730
	Ältere Dryaszeit	11.590– 11.400
	Bölling-Interstadial	11.720– 11.590
	Älteste Dryaszeit	11.850– 11.720
	Meiendorf-Interstadial	12.500– 11.850
(Weichsel- - Hochglazial)	Mecklenburg-Phase	

*Dänischer Botaniker und Geologe Knud Jessen (1884–1971).
Foto aus dem Nachruf in „Botanik Tidskrift" von 1971*

(1884–1971) geprägt. *Dryas* ist der botanische Gattungsname der Weißen Silberwurz *(Dryas octopetala)*, einer hochalpinen und arktischen Pflanze.

Innerhalb nur eines Jahrzehnts oder weniger Jahrzehnte kühlte sich zu Beginn der Jüngeren Dryaszeit auf der Nordhalbkugel der Erde das Klima rasch merklich ab. Die Temperaturen sanken um mehr als 10 Grad, was den zuvor herrschenden globalen Erwärmungstrend jäh stoppte. Dies führte in höheren Breiten der Nordhalbkugel zu neuerlichen Vergletscherungen, die denen der Kaltphase Ältere Dryaszeit vor etwa 13.590 bis 13.400 Jahren ähnelten. In den Alpen löste die starke Abkühlung den letzten großen Vorstoß der Gletscher aus.

In Nordwest-Europa sanken die Sommertemperaturen in der Jüngeren Dryaszeit gegenüber der vorhergehenden Warmphase Alleröd-Interstadial vor etwa 13.400 bis 12.730 Jahren um 4 Grad Celsius. Die Meeresoberflächen-Temperaturen waren im Nordatlantik durchschnittlich um 2,4 Grad Celsis geringer und weiter nördlich sogar um 5 Grad Celsius niedriger.

Auch die Wiedererwärmungsphase ab etwa 11.600 Jahren erfolgte abrupt. Nun wurden wieder Werte um plus 4 Grad Celsius erreicht. Gebietsweise wurde es in der nördlichen Hemisphäre innerhalb von 50 Jahren bis zu 10 Grad wärmer.

Was die Kaltphase namens Jüngere Dryaszeit auslöste, ist umstritten. Manche Forscher betrachten den verheerenden schwefelreichen Ausbruch des Laacher Vulkans in der Vulkaneifel in der Warmphase Alleröd-Interstadial vor fast 13.000 Jahren als Ursache für den Kälterückfall. Als Zeuge dieser Naturkatastrophe gilt der heutige 1.964 mal 1.186 Meter große und bis zu 53 Meter tiefe Laacher See, der mit einer Fläche von rund 3,3 Kilometern als größter See in Rheinland-Pfalz gilt. Geologisch betrachtet ist dieser See weder ein Kratersee noch ein Maar. Stattdessen handelt es sich um ein wasserge-

Luftaufnahme des Laacher Sees in der Vulkaneifel.
Foto: Df1paw / CC BY-SA 4.0 (via Wikimedia Commons),
lizensiert unter Creative-Commons-Lizenz by-sa-4.0,
https://creativecommons.org/licenses/by-sa/4.0/legalcode

Gasblasen (Mofetten) am Nordufer des Laacher Sees.
Sie sind eine Begleiterscheinung von Vulkanismus.
Der Begriff Mofette leitet sich vom italienischen Wort mofeta ab,
welches vom lateinischen mefitis oder mephitis stammt,
und bedeutet so viel wie „schädliche Ausdünstung".
Foto: Peter Wiedehage / CC BY-SA 4.0
(via Wikimedia Commons),
lizensiert unter Creative-Commos-Lizenz by-sa-4.0,
https://creativecommons.org/licenses/by-sa/4.0/legalcode

*Ausbruch des Vulkans Mount S. Helens
am 18. Mai 1980 im US-Bundesstaat Washington 1980.
Foto: Austin Post (1922–2012), United States Geological Survwey
(USGS) (via Wikimedia Commons),
Lizenz: gemeinfrei (Public domain)*

*Ausbruch des Vulkans Pinatubo auf der Insel Luzon (Philippinen) am 12. Juni 1991.
Foto: Dave Harlow, US Geological Survey
(via Wikimedia Commons),
Lizenz: gemeinfrei (Public domain)*

*Der Vulkan Katla auf Island brach 1918
durch die Eiskappe des Gletschers Myrdalsjökull aus.
Foto: RicHard-59 finnische Wikipedia (via Wikimedia Commons),
Lizenz: gemeinfrei (Public domain)*

fülltes Becken (Caldera), welches durch das Absacken der Decke der entleerten Magmakammer entstand. Im Laufe der Zeit füllte sich dieser Kessel mit Wasser.

Beim schätzungsweise 10 Tage dauernden Ausbruch des Laacher Vulkans wurden riesige Mengen vulkanischer Asche und Bims ausgeschleudert, welche die Landschaft bis zum Rheintal maximal sieben Meter dick begruben. In Kraternähe waren die vulkanischen Ablagerungen sogar bis zu 60 Meter mächtig. Das Auswurfmaterial verstopfte die Talenge des Rheins an der Andernacher Pforte. Der aufgestaute Fluss wuchs zum See an, der über das Neuwieder Becken bis zum Oberrhein reichte. Nach dem Dammbruch an der Andernacher Pforte überschwemmte die Flutwelle weite Bereiche des Niederrheins. Der Ausbruch des Laacher Vulkans war anderthalbmal so stark wie der des Pinatubo auf den Philippinen 1991 oder sechsmal so stark wie der Ausbruch des Mount S. Helens im US-Bundesstaat Washington 1980. Feinere Ablagerungen der Aschewolken wurden im Norden bis nach Schweden und im Süden bis nach Norditalien verfrachtet.

Ein anderer Vulkanausbruch ereignete sich in der Jüngeren Dryaszeit vor rund 12.600 Jahren im Süden Islands. Dabei handelte es sich um die explosive Eruption des Vulkans Katla unter dem Gletscher Myrdalsjökull. Bei diesem gewaltigsten bekannten Ausbruch des Katla wurde die Asche (Skóge-Tephra oder Vedde-Tephra genannt) bis zum Alpenrand verbreitet. Der Myrdalsjökull gilt mit einer Fläche von nahezu 600 Quadratkilometern als der viertgrößte Gletscher der Erde. Er bedeckt die ca. 100 Quadratkilometer große kesselförmige Oberflächenform vulkanischen Ursprungs (Caldera) des Vulkans Katla. Manche Wissenschaftler vermuteten 2007, die Explosion eines Meteoriten vor 12.950 Jahren über Kanada sei der Auslöser für den plötzlichen Klimawechsel ab der Jüngeren Dryaszeit

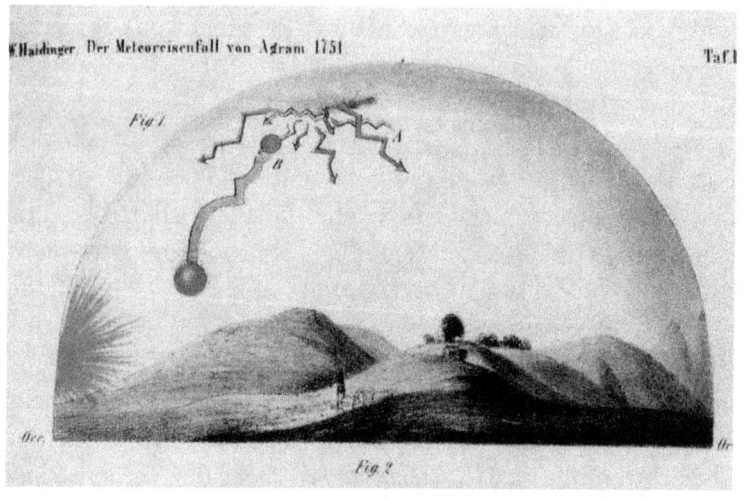

*Ausschnitt aus einem Gemälde,
das den 1751 beobachteten Sturz
des Meteoriten von Hraschina (Kroatien) zeigt.*
Bild aus W. Haidinger: *Der Meteoreisenfall von Hraschina
bei Agram am 26. Mai 1751.*
In: *Sitzberichte der kaiserlichen Akademie der Wissenschaften,
mathematisch-naturwissenschaftliche Klasse,
XXXV. Band, Nr. 11, Wien, 1859*
(via Wikimedia Commons),
Lizenz: gemeinfrei (Public domain)

gewesen. Der Himmelskörper sei beim Eintritt in die Atmosphäre zerbrochen und habe neben großräumigen Waldbränden auch ein Artensterben und eine Destabilisierung des Eisschilds bewirkt.

Als weitere mögliche Ursache für die rasche Abkühlung ab der Jüngeren Dryaszeit wird eine Störung oder Unterbrechung der warmen Meeresströmung des Nordatlantikstroms diskutiert. Erklärt wird dies so: Im Agassizsee, einem Gewässer mit einer zeitweiligen Ausdehnung von mehr als sämtlichen heutigen Großen Seen in Nordamerika, sammelte sich ein großer Teil des Schmelzwassers arktischer Gletscher. Im Süden war dieser riesige See von aufsteigendem Land abgegrenzt. Im Osten verhinderte eine fragile Barriere aus schmelzenden Gletschern das Abfließen in den Atlantischen Ozean. Als diese Eisbarriere brach, ergossen sich schlagartig gewaltige Wassermengen in den Nordatlantik, wodurch der Nordatlantikstrom, eine Verlängerung des Golfstroms nach Europa, zum Erliegen kam. Durch seinen Wärmetransport hatte der Nordatlantikstrom vorher wie eine große Heizung gewirkt.

Das letzte Wort über den tatsächlichen Auslöser der Klimaverschlechterung in der Jüngeren Dryaszeit ist noch nicht gesprochen. Die Kaltphase Jüngere Dryaszeit ist nur eine von insgesamt 25 extremen Klimaphasen in den letzten 125.000 Jahren.

Während der Jüngeren Dryaszeit breiteten sich in Deutschland Parktundren mit vereinzelten Birken sowie Gräsern, Beifußgewächsen und die Silberwurz *(Dryas)* aus. In Ahrensburg wurden auch Reste von Kiefernhölzern entdeckt, die von bis zu 30 Zentimeter dicken Bäumen stammen.

Nach den Vogelresten an Fundstellen der „Ahrensburger Kultur" zu schließen, lebten damals Steinadler, Eulen, Kampfläufer, Lerchen, Möwen, Krähen, Schwäne und Polartaucher

Weiße Silberwurz (Dryas octopetala).
Foto: Jörg Hempel / CC BY-SA 3.0 DE
(via Wikimedia Commons),
lizensiert unter Creative-Commons-Lizenz by-sa-3.0,
https://creativecommons.org/licenses/by-sa/3.0/de/legalcode

in Norddeutschland. In den Parktundren Norddeutschlands und Nordrhein-Westfalens existierten im Gegensatz zu Süddeutschland sogar noch Rentiere. Außerdem gab es Elche, Auerochsen, Wisente, Wildpferde, Wildschweine, Wölfe, Füchse, Luchse, Hasen, Lemminge, Ungarische Bisamspitzmäuse, Wühlmäuse und Biber.
Von Angehörigen der „Ahrensburger Kultur" sind bisher keine Skelettreste entdeckt worden. Daher kann man weder über ihr Aussehen noch ihre Größe konkrete Aussagen machen.
Die Lagerplätze der „Ahrensburger Kultur" haben allesamt eine geringe Ausdehnung von maximal 15 Meter Durchmesser. Dies deutet darauf hin, dass die Ahrensburger Leute überwiegend in kleinen Gruppen von höchstens 10 bis 15 Menschen zusammenlebten. Bewohnt wurden vor allem Zelte und Hütten. Man fand aber auch Wohnspuren und Einzelfunde dieser Kulturstufe in einigen nordrhein-westfälischen Höhlen.
Grundrisse von Zelten kennt man von Ahrensburg-Borneck und Ahrensburg-Bornwisch (beide Kreis Stormarn). In dem Zelt von Borneck hielten sich nur wenige Menschen auf, die etliche Steinwerkzeuge hinterließen. Die Behausung von Bornwisch wurde durch einen Kranz großer Steine markiert, mit denen man die Zeltränder beschwert hatte. Die Zelte der „Ahrensburger Kultur" bestanden vermutlich aus schräggestellten langen Holzstangen, die man mit zusammengenähten Rentierfellen bedeckte. In der Ahrensburger Gegend lagen sie an Stellen, in deren Umgebung früher schon Rentierjäger der „Hamburger Kultur" gesiedelt hatten.
Am Fundort Ahrensburg-Teltwisch-Mitte stieß der Prähistoriker Gernot Tromnau im Sommer 1969 auf den ovalen Grundriss einer Hütte von 3,50 mal 3 Metern. Die Behausung war einst von einem Graben umgeben, in dem vermutlich die Pfosten für die Wandbekleidung oder Dachkonstruktion

*Höhle Hohler Stein im Stadtteil Kallenhardt
von Rüthen (Kreis Soest) in Nordrhein-Westfalen.
Foto: Stefan Enste / CC BY-SA 3.0 (via Wikimedia Commons),
lizensiert unter Creative-Commons-Lizenz by-sa-3.0,
https://creativecommons.org/licenses/by-sa/3.0/legalcode*

eingegraben waren. In Nähe des Eingangs befand sich eine Feuerstelle mit einem Durchmesser von 40 bis 60 Zentimetern. Als Rest eines Wohnbaus wurde vom Ausgräber eine 3,80 mal 3 Meter große Mulde am Fundplatz Deimern 45 in der Lüneburger Heide (Niedersachsen) gedeutet. Dort hat man im Sommer 1959 eine Fläche von mehr als 180 Quadratmetern untersucht. Dabei wurden in 35 bis 50 Zentimeter Tiefe insgesamt 12.776 Feuersteinartefakte geborgen, darunter kleine Ahrensburg-Spitzen.

Zu den südlicher gelegenen Lagerplätzen im Freiland gehört derjenige am Kaiserberg in Duisburg (Nordrhein-Westfalen). Diesen Lagerplatz hat der Arzt Kurt Hofius aus Duisburg-Meiderich im November 1978 entdeckt. Ihm waren in einer Baugrube prähistorische Tonscherben aufgefallen, die das Niederrheinische Museum in Duisburg zu einer mehrwöchigen Grabung bewogen. Dabei stieß der Archäologe Günter Krause aus Duisburg überraschenderweise in 1,50 bis 1,70 Meter Tiefe auf etwa 30 Quadratmeter Fläche verstreut auf Steinwerkzeuge der „Ahrensburger Kultur" sowie Holzkohleteile. Obwohl keine Spuren einer Behausung nachweisbar waren, rechnet man diese Fundkonzentration einem Lagerplatz zu.

Wohnspuren der „Ahrensburger Kultur" kamen auch in der Höhle Hohler Stein des Stadtteils Kallenhardt von Rüthen (Kreis Soest) in Nordrhein-Westfalen zum Vorschein. Im Hohlen Stein haben von 1928 bis 1934 mehrfach der Konrektor Eberhard Hönneböhle (1891–1979 aus Rüthen/Möhne und der umstrittene Prähistoriker Julius Andree (1889–1942) aus Münster gegraben. Die Steinwerkzeuge und Jagdbeutereste aus dieser Höhle wurden 1933 von Andree der „Callenhardter Stufe" zugeschrieben. Im westfälischen Bergland hielten sich Rentiere und Jäger der „Ahrensburger Kultur" jeweils im Frühjahr und Sommer auf.

Eberhard Henneböhle (1891–1979, rechts) aus Rüthen/Möhne und der umstrittene Prähistoriker Julius Andree (1889–1942) bei den Ausgrabungen am Hohlen Stein. Henneböhle gilt als bedeutendster Heinatforscher des Rüthener Raumes.

Der „Ahrensburger Kultur" werden außerdem Einzelfunde aus den nordrhein-westfälischcn Höhlen Bilsteinhöhle und Eppenloch bei Warstein (beide Kreis Soest), aus der Martinshöhle bei Letmathe (Märkischer Kreis) und der Kartsteinhöhle bei Mechernich (Kreis Euskirchen) in der Eifel zugerechnet. In der Bilsteinhöhle wurden 1887 die ersten Funde entdeckt. 1888 und 1889 ist die Höhle untersucht worden. Die Höhle Eppenloch wurde 1953/54 durch den Abbau von Kalkstein zerstört. In der Martinshöhle hat 1870 der Prähistoriker Hermann Schaaffhausen (1816–1893) gegraben. Zu Beginn des 20. Jahrhunderts wurde diese Höhle durch einen Steinbruchbetrieb zerstört.

Da seit 1985 vereinzelte Stielspitzen der „Ahrensburger Kultur" aus Luxemburg (Hobscheid, Sandweiler) bekanntgemacht wurden, dürfte auch der benachbarte Raum von Trier in Rheinland-Pfalz zum Verbreitungsgebiet dieser Kulturstufe gehört haben. Mehrere Funde von Stielspitzen in Fußgönheim (Vorderpfalz) belegen einen vorher für unmöglich gehaltenen Vorstoß dieser Jägerkultur nach Süden. Die Stielspitzen von Fußgönheim wurden in den 1980er Jahren von dem Smamler Kurt Hettich aus Fußgönheim gefunden und Anfang 1990 dem damals in Köln arbeitenden Prähistoriker Erwin Cziesla vorgelegt.

Die Jäger der „Ahrensburger Kultur" haben mit Pfeil und Bogen sowie Wurfspeeren hauptsächlich Rentiere zur Strecke gebracht. Das Rentier ist die einzige Hirschart, bei der auch weibliche Tiere ein Geweih tragen. Allein in Stellmoor bei Ahrensburg (Kreis Stormarn) wurden mehr als 1.000 Rentiere erlegt und ins Lager geschafft. Unter den Jagdbeuteresten entdeckte man durchschossene Schulterblätter, Knochen mit darin steckenden Feuersteinpfeilspitzen und einen zerschlagenen Schädel von einem Rentier. Zwei vollständige Rentiere,

Bonner Anatom Hermann Schaaffhausen (1816–1893).
Porträt eines unbekannten Künstlers.
Bild (via Wikimedia Commons),
Lizenz: gemeinfrei (Public domain)

Rentier (Rangifer tarandus) in Lappland (Schweden).
Foto: Alexandre Buisse (User Nattfodd) / www.alexbuisse.com /
CC BY-SA 3.0 (via Wikimedia Commons,
lizensiert unter Creative-Commons-Lizenz by-sa-3.0,
https://creativecommons.org/licenses/by-sa/3.0/legalcode

*Skelett eines von Jägern verwundeten oder getöteten Auerochsen
von Potsdam-Schlaatz in Brandenburg,
der früher der Zeit der „Ahrensburger Kultur" zugerechnet wurde.
Foto: Museum für Ur- und Frühgeschichte Potsdam*

mit je vier schweren Steinen in der Brust beschwert, hatte man in einen nahen See geworfen. Den genauen Grund hierfür kennt man nicht. Rentierfleisch war auch die Hauptnahrung der Ahrensburger Jäger, die in der Höhle Hohler Stein von Kallenhardt lagerten. Dies belegen die zerschlagen vorgefundenen Knochen, Schädelteile und Geweihstangen. Die dort geborgenen Geweihe waren dünner und kümmerlicher als die von Rentieren aus früheren Zeiten. Man schrieb sie deshalb den sogenannten Waldrentieren zu, die im sich erwärmenden Klima degenerierten und schließlich ausstarben.

In Potsdam-Schlaatz (Brandenburg) wurden am 27. Februar 1984 Schädelreste, Knochen mit und ohne Kratz- und Schnittspuren sowie vier Zähne eines Auerochsen zusammen mit Feuersteinwerkzeugen, die teilweise Gebrauchsspuren aufweisen, geborgen. Der Auerochse kam auf der Sohle eines etwa 3,50 Meter tiefen Grabens für eine Abwasserleitung zum Vorschein. Entdecker war ein Baumaschinist, der den Fund dem Museum für Ur- und Frühgeschichte Potsdam meldete. Wahrscheinlich handelte es sich um ein von Jägern verwundetes oder getötetes Beutetier, das an der Fundstelle ausgeweidet und zerteilt wurde, wozu man offenbar die Feuersteinwerkzeuge verwendete. Die in Potsdam-Schlaatz vorhandenen Knochen des Auerochsen verweisen darauf, dass der Schädel und Teile der Wirbelsäule mit dem Hals und dem Oberteil des Rumpfes noch einen zusammenhängenden Restkörper bildeten. Größere zusammenhängende Partien des Tierkörpers – wie das Hüftstück und die Gliedmaßen – waren anscheinend von Menschen abgetrennt und abtransportiert worden. Der Potsdamer Prähistoriker Bernhard Gramsch vermutete 1987, dass die Funde von Potsdam-.Schlaatz am ehesten der „Ahrensburger Kultur" zugerechnet werden können. Denn die

Lebensbild eines Auerochsen, der von Wölfen angegriffen wird. Zeichnung des Berliner Tiermalers Heinrich Harder (1868–1935)

Fundschicht gehörte aufgrund geologischer Kriterien und der Pollenanalyse und der radiometrischen Datierung von Holzstücken in die Jüngere Dryaszeit. Heute rechnet man den Auerochsen von Schlaatz der Mittelsteinzeit zu. Nach den Jagdbeuteresten zu schließen, haben die Menschen der „Ahrensburger Kultur" vor allem Rentierfleisch als Nah-rung geschätzt. Für Abwechslung in der Ernährung sorgten zusätzlich erlegte Wildtiere wie große Vögel oder Auerochsen. Daneben dürften archäologisch nicht nachweisbare essbare Pflanzen eine nicht zu unterschätzende Rolle auf dem Speisezettel gespielt haben.

In Husum (Schleswig-Holstein) wurde bei Baggerarbeiten einer der angeblich ältesten Belege für ein Wasserfahrzeug aus der Steinzeit entdeckt: ein Gerät aus Rengeweih, das der Prähistoriker Detlev Ellmers aus Bremerhaven als Teil des Spantgerüstes eines Fellbootes deutete. In diesem etwa 60 Zentimeter breiten Fellboot hätte angeblich ein Jäger mit Pelzhose sitzen können. Auch bearbeitete Rengeweihteile der Ahrensburger Kultur aus Stellmoor wurden phantasievoll als Bootsteile diskuriert.

Die Kunstwerke der „Ahrensburger Kultur" zeigen weder Tier- noch Menschenmotive. Ihre starren ornamentalen Muster wirken genormt. Meist hat man einfache V-förmige Muster und Strichgruppen miteinander kombiniert oder durch Aneinanderreihen von V-Zeichen lange Zickzackbänder geschaffen. Solche Muster sind auf Rentier- und Elchrippen sowie auf Beile aus Rengeweih eingeritzt worden. Nach der Blüte der realistischen Kunst im Magdalénien wirkt der Übergang zum abstrakten Ornament als Verarmung.

Die Menschen der „Ahrensburger Kultur" verfügten über knöcherne Schwirrgeräte als Musikinstrumente, mit denen sie einen wechselnden hohen und tiefen Summton erzeugen

*Foto links: Knöchernes Schwirrgerät
der „Ahrensburger Kultur" von Ahrensburg-Stellmoor
(Kreis Stormarn) in Schleswig-Holstein.
Länge 21 Zentimeter.
Foto: Archäologisches Landesmuseum
der Christian-Albrechts-Universität zu Kiel, Schleswig*

*Foto rechts: Französischer Lehrer und Prähistoriker
Denis Peyrony (1896–1954).
Foto: Bibliothèque nationale de France, Agence Meurisse
(via Wikimedia Commons),
Lizenz: gemeinfrei (Public domain)*

konnten, wenn man sie an einem Riemen hängend rasch kreisen ließ. Derartige Schwirrgeräte aus Knochen oder Holz wurden noch in historischer Zeit vor allem als Kultobjekt von Ureinwohnern Australiens, Melanesiens, Afrikas und Südamerikas benutzt. Ihren Überlieferungen zufolge soll das Schwirrgerät in der Urzeit der Menschheit von einem mythischen Wesen geschaffen worden sein, als dessen Stimme es galt.

Das kleinste Schwirrgerät der „Ahrensburger Kultur" ist 12,8 Zentimeter lang, das größte 21 Zentimeter. Das erste dieser Schwirrgeräte wurde 1943 von Alfred Rust in einer Ahrensburger Fundschicht geborgen. Es hat eine länglich-ovale Form und einen flachen Querschnitt. Ein Ende läuft spitz zu, das andere gerade. Am breiten Ende ist es durchlocht. Rust erkannte, dass dieser Fund den Schwirrhölzern der australischen Ureinwohner glich und ähnliche Summtöne von sich geben konnte. Als erster hatte 1930 der französische Lehrer und Prähistoriker Denis Peyrony (1896–1954) aus Les Eyzies de-Tayac (Dordogne) ähnliche Funde aus Frankreich als Schwirr- und Kultgeräte gedeutet.

Die Angehörigen der „Ahrensburger Kultur" stellten Werkzeuge und Waffen aus Feuerstein, Knochen oder Geweih her. Die Steinwerkzeuge und -waffen werden den Stielspitzen-Gruppen zugeordnet, zu denen außer der „Ahrensburger Kultur" auch die „Bromme-Kultur" vor etwa 13.400 bis 12.500 Jahren und das Swiderien vor etwa 15.000 bis 11.500 Jahren in Osteuropa gehören. Die Feuersteingeräte der „Ahrensburger Kultur" hatten hauptsächlich symmetrische Formen. Es gab Riesenklingen, Kratzer, Stichel, Bohrer, Schaber und Sägen aus Feuerstein. Diese Formen befanden sich beispielsweise unter den mehr als 200.000 Feuersteingeräten von Stellmoor bei Ahrensburg.

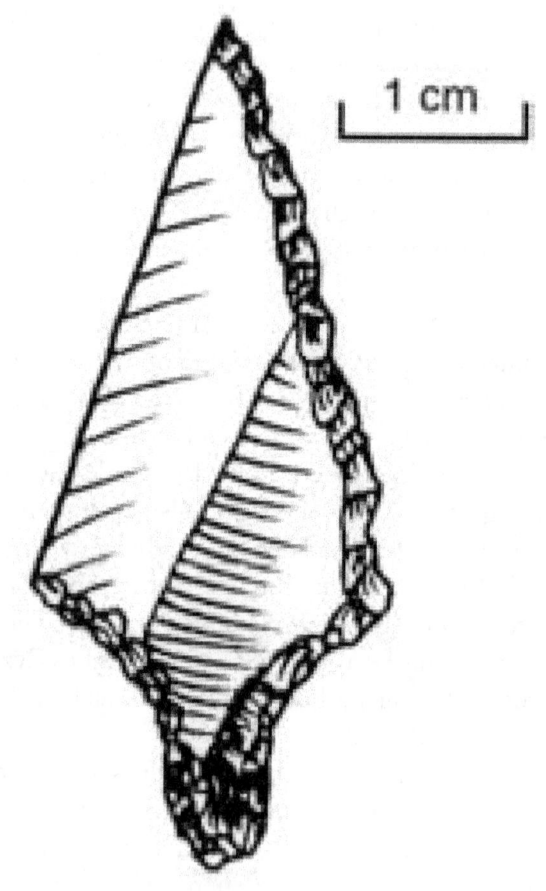

*Pfeilspitze der Ahrensburger Kultur
(auch Ahrensburger Spitze oder Stielspitze genannt).
Zeichnung: José-Manuel Benito (via Wikimedia Commons),
Lizenz: gemeinfrei (Public domain)*

Viele Werkzeuge der „Ahrensburger Kultur" bestanden aus Knochen oder Geweih. In Stellmoor bei Ahrensburg fand man Dutzende von Rentierschulterblättern, die als Schaber zum Entfernen von Fleischresten von den Fellen erlegter Tiere dienten. Fast gleichartige Schaber werden heute noch von Eskimos für dieselbe Tätigkeit verwendet. Außerdem besaßen die Ahrensburger Leute kleinere Schaber aus Wirbeln, Knochenmesser aus Rippen und Druckstäbe aus Geweih zum Retuschieren der Kanten von Feuersteinwerkzeugen oder -waffen. Durch Zerschlagen von Rentiergeweihen gewann man Splitterstücke, aus denen man Werkzeuge oder Waffen herstellte.

Zu den Waffen der Ahrensburger Jäger gehörten Pfeil und Bogen, Harpunen und Beile aus Rentiergeweih.

Die eindrucksvollsten Belege für die Herstellung und Verwendung von Pfeil und Bogen fand man in Stellmoor bei Ahrensburg. Dort barg man mehr als 100 aus Kiefernholz geschnitzte Pfeilschäfte. Sie sind bis zu 75 Zentimeter lang und einen halben bis einen Zentimeter dick. Am Ende ist jeweils eine Kerbe zum Aufsetzen auf die Bogensehne angebracht. Die Pfeilspitzen mit Stiel – daher der Name Stielspitzen-Gruppen – steckten teilweise noch in den Pfeilschäften. Daneben wurden in Stellmoor bis zu vier Zentimeter lange Feuersteinpfeilspitzen geborgen. Pfeilspitzen entdeckte man auch an anderen Lagerplätzen der „Ahrensburger Kultur". In seltenen Fällen steckten sie sogar noch in den Knochen von Beutetieren .

Zum Fundgut von Immenbeck (Kreis Stade) in Niedersachsen aus drei benachbarten Lagerplätzen der „Ahrensburger Kultur"gehören Fragmente von roten Sandsteinen mit Rillen. Dabei handelt es sich um Pfeilschaftglätter. Fundplatz I wurde 1959 nach dem Bau eines Sportplatzes entdeckt und noch im selben Jahr ausgegraben. Aus ehemaligen Feuerstellen barg man

Holzkohlen, angebrannte Bruchstücke von Regeweih und Feuersteinartefakte mit Brandspuren. Eine weitere Waffe der damaligen Jäger waren Wurfspeere mit harpunenartig gezähnter Spitze, die bei der Flucht des getroffenen Tieres nicht aus der Wunde rutschen konnte. In Stellmoor bei Ahrensburg fand man Harpunen aus Rentiergeweih, die zwei Reihen von Widerhaken aufweisen, zusammen mit Resten erlegter Rentiere am Grund eines Sees. Von einem Harpunenspeer könnte die Verletzung auf einem Rentierschulterblatt aus Meiendorf bei Ahrensburg stammen. Offenbar hatte man die Waffe von hinten auf das Tier geschleudert. Harpunen aus Rentiergeweih kennt man auch aus Brandenburg. Sie wurden zumeist bei Baggerarbeiten entdeckt.

Die Ausgrabungen in Stellmoor bei Ahrensburg zeigten, dass die Ahrensburger Jäger auch Beile aus Rentiergeweih besaßen, wie sie für die südskandinavische „Bromme-Kultur" typisch sind. Das Rengeweih- oder Lyngby-Beil von Stellmoor ist etwa 50 Zentimeter lang. Es besteht aus einer Rentiergeweihstange, an der man die Augsprossen entfernt und die Eissprosse auf etwa 5 bis 10 Zentimeter verkürzt und angeschärft hatte. Die Enden eines Geweihes heißen von unten nach oben Augsprosse, Eissprosse, Mittelsprosse und Krone. Das Lyngby-Beil wurde als Schlaggerät benutzt. Zusammen mit ihm fand man in Stellmoor einen eingeschlagenen Rentiersschädel. Ein Teil solcher Beile hatte eine gerade Schneide. Sie werden daher Geradbeile genannt. Andere Beile besaßen eine Querschneide, man bezeichnet sie als Querbeile. Daneben gab es aber auch Beile mit spitzem oder hammerartig geformtem Klingenende. Man nimmt an, dass mit derartigen Beilen Rentiere aus unmittelbarer Nähe – etwa beim Überqueren von Bächen oder Flüssen – erschlagen wurden.

Alfred Rust vermutete, die Ahrensburger Jäger hätten nach

erfolgreichen Jagdzügen weibliche Rentiere geopfert, die sie mit Steinen beschwerten und in einem Opferteich versenkten. In Stellmoor bei Ahrensburg stieß er bei Ausgrabungen auf einen im Wasser aufgerichteten, 2,11 Meter langen und 12 Zentimeter dicken Pfahl aus Kiefernholz, der unten zugespitzt und am oberen Ende mit dern Schädel eines etwa 13jährigen Rentieres gekrönt war. Rust deutete diesen Fund als Kultpfahl und meinte, der Rentierschädel gehöre dem ältesten von den im Laufe der Zeit insgesamt 1.000 getöteten Rentieren. Ob diese Deutung zutrifft, sei dahingestellt. Mit Rentieropfern habe man eventuell Geister besänftigen oder versöhnen wollen, heißt es.

Ziernlich sicher dürfte dagegen sein, dass auch die Menschen der „Ahrensburger Kultur" auffällige Naturerscheinungen nicht als natürliche Vorgänge erklären konnten und versuchten, durch Bitten und Opfer unsichtbare Mächte gnädig zu stimmen. Rentiere waren für sie eine wichtige Nahrungs- und Rohstoffquelle. Diese Tiere könnten deshalb durchaus ein Teil ihrer Naturreligion gewesen sein.

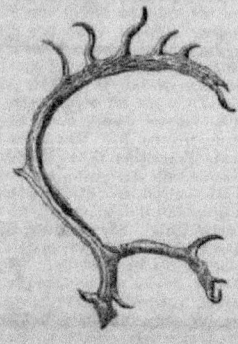

Bilder auf den Seiten 40 und 41:

Information über die Sonderausstellung
„Eiszeitliche Rentierjäger in Stormarn" im Schloß Ahrensburg
im Februar/März 1935.
Auf Seite 41 ist das Skelett eines weiblichen Rentieres
mit einem großen Stein im Brustkorb zu sehen.

Norden. Mäander und Rinnenmuster zieren zwei der Riemenschneider.

Daneben liegt eine durchbohrte Bernsteinscheibe, ein Amulett, das zahlreiche Schrammen aufweist. Diese Kratzer sind z. T. Zeichnungen, die durch Schaben teilweise wieder entfernt sind. Der Kopf eines Wildpferdes ist gut zu erkennen. Ähnliches kennt man aus gleicher Zeit in Süd-Frankreich. Offenbar handelt es sich um einen Jagdzauber.

Das letzte hochinteressante Stück ist das Skelett eines weiblichen Rentieres, in dessen Brustkorb ein großer Stein liegt. Da die Markknochen unversehrt sind, man also auf diesen Leckerbissen verzichtet hat, dürfte es sich um ein Opfer handeln. Aber ob Jagdzauber, Wegzehrung ins Jenseits oder ein Fruchtbarkeitszauber der Grund zu opfern war, das mag ein jeder sich selber ausmalen.

Die Funde führen uns um mindestens 20 000 Jahre in die Vorzeit zurück. Von einem früheren kleinen Teich in Stormarn fällt nicht nur auf unsere Heimatgeschichte neues Licht, sondern wir bekommen einen die Wissenschaft überraschenden Aufschluß über das handwerkliche, künstlerische und seelische Verhalten der eiszeitlichen Rentierjäger überhaupt. Es sind Funde, die die Blicke aller Fachgelehrten auf Stormarn richten.

Man kann daher Herrn Prof. Dr. Schwantes, dem Direktor des Schleswig-Holsteinischen Museums Vorgeschichtlicher Altertümer, nicht genug danken, daß er im Sinne einer neuen Museumsauffassung die für die Kenntnis der Altsteinzeit Europas wichtigsten Funde der letzten Jahre zuerst und so schnell in Ahrensburg hat ausstellen lassen.

P. P.

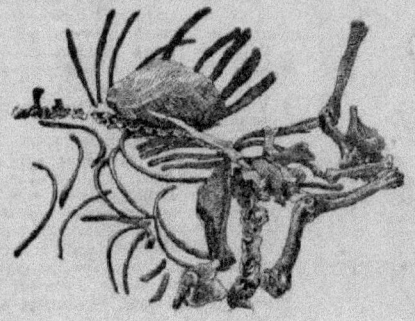

Prähistoriker Dr. Erwin Cziesla,
Autor des Beitrages „Ahrensburger Jäger in Südwestdeutschland"
in „Archäologisches Korrespondenzblatt" 22,
S. 13–26, Mainz 1990

Literatur

BAALES, Michael: Umwelt und Jagdökonomie der Ahrensburger Rentierjäger im Mittelgebirge. In: Monographien des Römisch-Germanischen Zentralmuseums 38, Bonn 1996.

BAALES, Michael / TERBERGER, Thomas (Herausgeber): Welt im Wandel. Das Leben am Ende der Eiszeit, Darmstadt 2016.

BAALES, Michael / POLLMANN, Hans-Otto / STAPEL, Bernhard: Westfalen in der Alt- und Mittelsteinzeit. Herausgegeben von der LWL-Archäologie für Westfalen, Michael M. Rind und der Altertumskommission für Westfalen, Aurelia Dickers, Münster 2014.

BOKELMANN, Klaus: Eine Rentiergeweihharpune aus der Bondenau bei Bistoft, Kreis Schleswig-Flensburg. In: Offa, S. 5–15, Neumünster 1988.

CZIESLA, Erwin: Ahrensburger Jäger in Südwestdeutschland. In: Archäologisches Korrespondenzblatt 22, S. 13–26, Mainz 1990.

DÜRRE, Wilcken: Fundplätze der Ahrensburger Kultur im Kreise Soltau, Hildesheim 1971.

ELLMERS, Detlev: Ein Fellboot-Fragment der Ahrensburger Kultur aus Husum, Schleswig-Holstein. In: Offa, S. 19–24, Neumünster 1980.

FILIP, Jan: Ahrensburg. In: Enzyklopädisches Handbuch zur Ur- und Frühgeschichte Europas, Band I, (A– K), S. 12–13, Stuttgart, Berlin, Köln, Mainz 1966.

FLIP, Jan: Ren. In: Enzyklopädisches Handbuch zur Ur- und Frühgeschichte Europas, Band II (L–Z), S. 1136–1137, Stuttgart, Berlin, Köln, Mainz 1969.

FILIP, Jan: Schwantes, Gustav. In: Enzyklopädisches Handbuch zur Ur- und Frühgeschichte Europas, Band II, S. 1253, Stuttgart, Berlin, Köln, Mainz 1969.
GRAMSCH, Bernhard: Ahrensburger Kultur. In: HERRMANN, Joachim: Lexikon früher Kulturen, S. 28. Leipzig 1984.
GRAMSCH, Bernhard: Zeugnisse menschlicher Aktivitäten in Verbindung mit dem spätglazialzeitlichen Ur-Fund am Schlaatz bei Potsdam. In: Veröffentlichungen des Museurns für Ur- und Frühgeschichte Potsdam, S. 47–51, Berlin 1987.
HÄSSLER, Hans-Jürgen: Ur- und Frühgeschichte in Niedersachsen, Stuttgart 1991.
HENNEBÖLE, Eberhard: Altsteinzeitliche Funde im Lürmecketal. In: Mannus 20, S. 162–171, Leipzig 1928.
HENNEBÖLE, Eberhard: Altsteinzeitliche Funde im Lürmecketal II. In: Mannus 21, S. 220–232, Leipzig 1929.
HENNEBÖLE, Eberhard: Die Vor- und Frühgeschichte des Warsteiner Raumes. Herausgegeben von der Stadt Warstein, Warstein 1965.
HOFFMANN, Emil: Ahrensburger Kultur. In: Lexikon der Steinzeit, S. 13–14, München 2012.
KEILING, Horst: Archäologische Funde vom Spätpaläolithikum bis zur vorrömischen Eisenzeit aus den mecklenburgischen Bezirken. In: Museum für Ur- und Frühgeschichte Schwerin, Museumskatalog 1, Schwerin 1982.
LINDNER, Kurt: Die Jagd der Vorzeit, Berlin und Leipzig 1937.
LÖHR, Hartwig: Einige kennzeichnende Werkzeuge der späten Altsteinzeit aus dem Trierer Land. In: Funde und Ausgrabungen im Bezirk Trier; S. 3–11, Trier 1987.
RUST, Alfred: Die Grabungen beim Hof Stellmoor. In: Offa, S. 5–22, Kiel 1936.

RUST, Alfred: Das altsteinzeitliche Rentierjägerlager Meiendorf, Neumünster 1937.
RUST, Alfred: Die alt- und mittelsteinzeitlichen Funde von Stellmoor, Neumünster 1943.
RUST, Alfred: Die jungpaläolithischen Zeltanlagen von Ahrensburg. In: Offa--Bücher, Neumünster 1958.
SCHÄFER, Sonja: Schwantes, Gustav. In: Neue Deutsche Biographie 23, S. 790–791, 2007. https://www.deutsche-biographie.de/pnd118762842.html#ndbcontent
SCHWANTES, Gustav: Nordisches Paläolithikum und Mesolithikum. In: Festschrift zum 50jährigen Bestehen des Hamburgischen Museums für Völkerkunde, S. 159–252, Hamburg 1928.
SCHWANTES, Gustav: Die Vorgeschichte Schleswig-Holsteins (Stein- und Bronzezeit), Band 1, Neumünster 1939.
SCHWANTES, Gustav: Geschichte Schleswig-Holsteins, Band 1, Die Urgeschichte (Steinzeit), Neumünster 1957.
TAUTE, Wolfgang: Neu entdeckte Lagerplätze der Hamburger und Ahrensburger Kultur bei Deimern, Kr. Soltau, in der Lüneburger Heide. In: Die Kunde, Neue Folge 10, S. 182–192, Hannover 1959.
TAUTE, Wolfgang: Die Stielspitzen-Gruppen im nördlichen Mitteleuropa. Ein Beitrag zur Kenntnis der späten Altsteinzeit, Köln 1968.
THIEME, Hartmut: Alt- und Mittelsteinzeit. In: HÄSSLER, Hans-Jürgen: Ur- und Frühgeschichte in Niedersachsen, S. 77–108, Stuttgart 1991.
THIEME, Hartmut: Buxtehude: Immenbeck STD. In: HÄSSLER, Hans-Jürgen: Ur- und Frühgeschichte in Niedersachsen, S. 399, Stuttgart 1991.

THIEME, Hartmut; Solltau: Deimern STD. In: HÄSSLER, Hans-Jürgen: Ur- und Frühgeschichte in Niedersachsen, S. 521, Stuttgart 1991.
THISSEN, Jürgen: Jäger und Sammler: Paläolithikum und Mesolithikum im Gebiet des Linken Niederrhein, 1997.
TROMNAU, Gernot: Rust, Alfred. In: Neue Deutsche Biographie 22, S. 300, 2005.
https://www.deutsche-biographie.de/pnd118604317.html#ndbcontent
VULKANE.NET: Katla auf Island.
http://www.vulkane.net/vulkane/a-z/katla/katla.html
VULKANE.NET: Laacher See Vulkan.
http://www.vulkane.net/vulkane/eifel/laacher-see-vulkan.html
WEGEWITZ, Willi: Ein Rentierjägerlager der Stufe von Ahrensburg in Immenbeck, Kr. Harburg. In : Harburger Jahrbuch 9, S. 1–23, Hamburg-Harburg 1961.
WIKIPEDIA (Online-Lexikon): Ahrensburger Kultur
https://de.wikipedia.org/wiki/Ahrensburger_Kultur
WIKIKPEDIA (Online-Lexikon): Eberhard Hennböle
https://de.wikipedia.org/wiki/Eberhard_Henneb%C3%B6le
WIKIKPEDIA (Online-Lexikon): Stielspitze
https://de.wikipedia.org/wiki/Stielspitze

*Wappen der Stadt Ahrensburg (Kreis Stormarn)
in Schleswig-Holstein.
Unter einer Burg mit Türmen und offenem Tor
befindet sich auf einem Pfahl
der stilisierte Schädel eines Rentieres mit Geweih.
Entwurf: Atelier Eckart aus Ahrensburg.
Bild: Kommunale Wappenrolle Schleswig-Holstein
(via Wikimedia Commons),
Lizenz: gemeinfrei (Public domain)*

Autor Ernst Probst.
Foto: Klaus Benz, Fotograf, Mainz-Laubenheim

Der Autor

Ernst Probst, geboren am 20. Januar 1946 in Neunburg vorm Wald im bayerischen Regierungsbezirk Oberpfalz, ist Journalist und Wissenschaftsautor. Er arbeitete von 1968 bis 1971 bei den „Nürnberger Nachrichten", von 1971 bis 1973 in der Zentralredaktion des „Ring Nordbayerischer Tageszeitungen" in Bayreuth und von 1973 bis 2001 bei der „Allgemeinen Zeitung", Mainz. In seiner Freizeit schrieb er Artikel für die „Frankfurter Allgemeine Zeitung", „Süddeutsche Zeitung", „Die Welt", „Frankfurter Rundschau", „Neue Zürcher Zeitung", „Tages-Anzeiger", Zürich, „Salzburger Nachrichten", „Die Zeit", „Rheinischer Merkur", „Deutsches Allgemeines Sonntagsblatt", „bild der wissenschaft", „kosmos", „Deutsche Presse-Agentur" (dpa), „Associated Press" (AP) und den „Deutschen Forschungsdienst" (df). Aus seiner Feder stammen die Bücher „Deutschland in der Urzeit" (1986), „Deutschland in der Steinzeit" (1991), „Rekorde der Urzeit" (1992), „Dinosaurier in Deutschland" (1993 zusammen mit Raymund Windolf) und „Deutschland in der Bronzezeit" (1996). Von 2001 bis 2006 betätigte sich Ernst Probst als Buchverleger sowie zeitweise als internationaler Fossilienhändler und Antiquitätenhändler. Insgesamt veröffentlichte er mehr als 300 Bücher, Taschenbücher, Broschüren und über 300 E-Books.

Bilder auf den Seiten 50 und 51:

*Rentierjagd zur Zeit des Magdalénien
vor mehr als 14.000 Jahren in Süddeutschland.
Gemälde von Fritz Wendler (1941–1995) für das Buch
„Deutschland in der Steinzeit" (1991) von Ernst Probst*

Buch „Deutschland in der Steinzeit" (1991)
des Wiesbadener Wissenschaftsautors Ernst Probst

Bücher von Ernst Probst

(Auswahl)

Als Mainz im Meer lag
Als Mainz noch nicht am Rhein lag
Christl-Marie Schultes. Die erste Fliegerin in Bayern (zusammen mit Theo Lederer)
Der Europäische Jaguar
Der Mosbacher Löwe. Die riesige Raubkatze aus Wiesbaden
Der Rhein-Elefant. Das Schreckenstier von Eppelsheim
Der Schwarze Peter. Ein Räuber im Hunsrück und Odenwald
Der Ur-Rhein. Rheinhessen vor zehn Millionen Jahren
Deutschland im Eiszeitalter
Deutschland in der Frühbronzezeit
Deutschland in der Mittelbronzezeit
Deutschland in der Spätbronzezeit
Die Aunjetitzer Kultur in Deutschland
Die Straubinger Kultur in Deutschland
Die Singener Gruppe
Die Arbon-Kultur in Deutschland
Die Ries-Gruppe und die Neckar-Gruppe
Die Adlerberg-Kultur
Der Sögel-Wohlde-Kreis
Die nordische Bronzezeit in Deutschland
Die Hügelgräber-Kultur in Deutschland
Die ältere Bronzezeit in Nordrhein-Westfalen
Die Bronzezeit in der Lüneburger Heide
Die Stader Gruppe
Die Oldenburg-emsländische Gruppe

Die Urnenfelder-Kultur in Deutschland
Die ältere Niederrheinische Grabhügel-Kultur
Die Unstrut-Gruppe
Die Helmsdorfer Gruppe
Die Saalemündungs-Gruppe
Die Lausitzer Kultur in Deutschland
Die Dolchzahnkatze Megantereon
Die Dolchzahnkatze Smilodon
Die Säbelzahnkatze Homotherium
Die Säbelzahnkatze Machairodus
Die Schweiz in der Frühbronzezeit
Die Rhône-Kultur in der Westschweiz
Die Arbon-Kultur in der Schweiz
Die Schweiz in der Mittelbronzezeit
Die Schweiz in der Spätbronzezeit
Dinosaurier von A bis K. Von Abelisaurus bis zu Kritosaurus
Dinosaurier von L bis Z. Von Labocania bis zu Zupaysaurus
Der rätselhafte Spinosaurus. Leben und Werk des Forschers Ernst Stromer von Reichenbach
Eiszeitliche Geparde in Deutschland
Eiszeitliche Leoparden in Deutschland
Frauen im Weltall
Hildegard von Bingen. Die deutsche Prophetin
Höhlenlöwen. Raubkatzen im Eiszeitalter
Julchen Blasius. Die Räuberbraut des Schinderhannes
Johann Jakob Kaup. Der große Naturforscher aus Darmstadt
Königinnen der Lüfte
Königinnen der Lüfte in Deutschland
Königinnen der Lüfte in Europa

Königinnen der Lüfte in Frankreich
Königinnen der Lüfte in England und Australien
Königinnen der Lüfte in Amerika
Königinnen der Lüfte von A bis Z
Königinnen des Tanzes
Malende Superfrauen
Meine Worte sind wie die Sterne Die Entstehung der Rede des Häuptlings Seattle (zusammen mit Sonja Probst, verheiratete Werner)
Monstern auf der Spur. Wie die Sagen über Drachen, Riesen und Einhörner entstanden
Neues vom Ur-Rhein. Interview mit dem Geologen und Paläontologen Dr. Jens Sommer
Österreich in der Frühbronzezeit
Österreich in der Mittelbronzezeit
Österreich in der Spätbronzezeit
Pompadour und Dubarry. Die Mätressen von Louis XV.
Raub-Dinosaurier von A bis Z. Mit Zeichnungen von Dmitry Bogdanav und Nobu Tamura
Rekorde der Urmenschen. Erfindungen, Kunst und Religion
Rekorde der Urzeit. Landschaften, Pflanzen und Tiere
Säbelzahnkatzen. Von Machairodus bis zu Smilodon
Säbelzahntiger am Ur-Rhein. Machairodus und Paramachairodus
Superfrauen aus dem Wilden Westen
Superfrauen 1 – Geschichte
Superfrauen 2 – Religion
Superfrauen 3 – Politik
Superfrauen 4 – Wirtschaft und Verkehr
Superfrauen 5 – Wissenschaft
Superfrauen 6 – Medizin

Superfrauen 7 – Film und Theater
Superfrauen 8 – Literatur
Superfrauen 9 – Malerei und Fotografie
Superfrauen 10 – Musik und Tanz
Superfrauen 11 – Feminismus und Familie
Superfrauen 12 – Sport
Superfrauen 13 – Mode und Kosmetik
Superfrauen 14 – Medien und Astrologie
Tony und Bruno Werntgen. Zwei Leben für die Luftfahrt (zusammen mit Paul Wirtz)
Was ist ein Menhir? Interview mit dem Mainzer Archäologen Dr. Detert Zylmann
Wer ist der kleinste Dinosaurier? Interviews mit dem Wissenschaftsautor Ernst Probst
Wer war der Stammvater der Insekten? Interview mit dem Stuttgarter Biologen und Paläontologen Dr. Günther Bechly
6000 Jahre Kastel. Von der Steinzeit bis zum 21. Jahrhundert
5000 Jahre Kostheim. Von der Steinzeit bis zum 21. Jahrhundert
Kastel in der Vorzeit. Von der Jungsteinzeit bis Christi Geburt
Kostheim in der Vorzeit. Von der Jungsteinzeit bis Christi Geburt
Wiesbaden in der Steinzeit
Die Altsteinzeit. Eine Periode der Steinzeit in Europa vor etwa 1.000.000 bis 10.000 Jahren
Anno 1.000.000. Deutschland in der älteren Altsteinzeit
Das Protoacheuléen. Eine Kulturstufe der Altsteinzeit vor etwa 1,2 Millionen bis 600.000 Jahren
Das Altacheuléen. Eine Kulturstufe der Altsteinzeit vor etwa 600.000 bis 350.000 Jahren
Das Jungacheuléen. Eine Kulturstufe der Altsteinzeit vor

etwa 350.000 bis 150.000 Jahren
Das Spätacheuléen. Eine Kulturstufe der Altsteinzeit vor
etwa 150.000 bis 100.000 Jahren
Die Lanze von Lehringen. Der Jahrhundertfund aus der
Altsteinzeit
Das Moustérien. Die große Zeit der Neanderthaler
Das Aurignacien. Eine Kulturstufe der Altsteinzeit vor etwa
40.000 bis 31.000 Jahren
Das Gravettien. Eine Kulturstufe der Altsteinzeit vor etwa
35.000 bis 24.000 Jahren
Das Magdalénien. Eine Kultustufe der Altsteinzeit vor etwa
18.000 bis 12.000 Jahren
Die Hamburger Kultur. Eine Kulturstufe der Altsteinzeit vor
etwa 15.700 bis 14.200 Jahren
Die Federmesser-Gruppe. Eine Kulturstufe der Altsteinzeit vor
etwa 14.000 bis 12.800 Jahren
Das Steinzeit-Grab von Bonn-Oberkassel. Ein rätselhafter
Fund aus der Zeit der Federmesser-Gruppen
Die Ahrensburger Kultur. Eine Kulturstufe der Altsteinzeit
vor etwa 12.700 bis 11.650 Jahren
Die Altsteinzeit in Österreich. Jäger und Sammler vor
250.000 bis 10.000 Jahren
Das Jungacheuléen in Österreich
Das Moustérien in Österreich
Das Aurignacien in Österreich
Das Gravettien in Österreich
Das Magdalénien in Österreich
Das Magdalénien in der Schweiz
Die Mittelsteinzeit
Deutschland in der Mittelsteinzeit
Die Mittelsteinzeit in Baden-Württemberg

Die Mittelsteinzeit in Bayern
Die Mittelsteinzeit in Rheinland-Pfalz
Die Mittelsteinzeit in Hessen
Die Mittelsteinzeit in Nordrhein-Westfalen
Die Mittelsteinzeit in Niedersachsen
Die Mittelsteinzeit in Thüringen, Sachsen-Anhalt, Sachsen und im südlichen Brandenburg
Die Mittelsteinzeit in Schleswig-Holstein, Mecklenburg und im nördlichen Brandenburg
Die Jungsteinzeit. Eine Periode der Steinzeit vor etwa 5.500 bis 2.300 v. Chr.
Die ersten Bauern in Deutschland. Die Linienbandkeramische Kultur (5.500 bis 4.900 v. Chr.)
Die Ertebölle-Ellerbek-Kultur. Eine Kultur der Jungsteinzeit vor etwa 5.000 bis 4.300 v. Chr.
Die Stichbandkeramische Kultur Eine Kultur der Jungsteinzeit vor etwa 4.900 bis 4.500 v. Chr.
Die Oberlauterbacher Gruppe. Eine Kulturstufe der Jungsteinzeit vor etwa 4.900 bis 4.500 v. Chr.
Die Hinkelstein-Gruppe. Eine Kulturstufe der Jungsteinzeit vor etwa 4.900 bis 4.800 v. Chr.
Die Rössener Kultur. Eine Kultur der Jungsteinzeit vor etwa 4.600 bis 4.300 v. Chr.
Die Kupferzeit. Wie die ersten Metalle in Mitteleuropa bekannt wurden
Die Michelsberger Kultur. Eine Kultur der Jungsteinzeit vor etwa 4.300 bis 3.500 v. Chr.
Das Rätsel der Großsteingräber. Die nordwestdeutsche Trichterbecher-Kultur vor etwa 4.300 bis 3.000 v. Chr.
Die Baalberger Kultur. Eine Kultur der Jungsteinzeit vor etwa 4.300 bis 3.700 v. Chr.

Pfahlbauten in Süddeutschland. Dörfer der Jungsteinzeit und Bronzezeit an Seen, Mooren und Flüssen
Die Altheimer Kultur / Die Pollinger Gruppe. Zwei Kulturen der Jungsteinzeit vor etwa 3.900 bis 3.500 v. Chr.
Die Salzmünder Kultur. Eine Kultur der Jungsteinzeit vor etwa 3.700 bis 3.200 v. Chr.
Die Chamer Gruppe. Eine Kulturstufe der Jungsteinzeit vor etwa 3.500 bis 2.800 v. Chr.
Die Wartberg-Kultur. Eine Kultur der Jungsteinzeit vor etwa 3.500 bis 2.800 v. Chr.
Die Walternienburg-Bernburger Kultur. Eine Kultur der Jungsteinzeit vor etwa 3.200 bis 2.800 v. Chr.
Die Kugelamphoren-Kultur. Eine Kultur der Jungsteinzeit vor etwa 3.100 bis 2.700 v. Chr.
Die Schnurkeramischen Kulturen. Kulturen der Jungsteinzeit von etwa 2.800 bis 2.400 v. Chr.
Die Einzelgrab-Kultur. Eine Kultur der Jungsteinzeit vor etwa 2.800 bis 2.300 v. Chr.
Die Schönfelder Kultur. Eine Kultur der Jungsteinzeit vor etwa 2.800 bis 2.200 v. Chr.
Die Glockenbecher-Kultur. Eine Kultur der Jungsteinzeit vor etwa 2.500 bis 2.200 v. Chr.
Die ersten Bauern in Österreich. Die Linienbandkeramische Kultur vor etwa 5.500 bis 4.900 v. Chr.
Die Lengyel-Kultur in Österreich. Eine Kultur der Jungsteinzeit vor etwa 4.900 bis 4.400 v. Chr.
Die Mondsee-Gruppe. Eine Kulturstufe der Jungsteinzeit vor etwa 3.700 bis 2.900 v. Chr.
Die Badener Kultur in Österreich. Eine Kultur der Jungsteinzeit vor etwa 3.600 bis 2.900 v. Chr.
Die ersten Pfahlbauten in der Schweiz. Die Anfänge der

Pfahlbauforschung und die Egolzwiler Kultur
Die Cortaillod-Kultur. Eine Kultur der Jungsteinzeit vor etwa 4.000 bis 3.500 v. Chr.
Die Pfyner Kultur in der Schweiz. Eine Kultur der Jungsteinzeit vor etwa 4.000 bis 3.500 v. Chr.
Die Horgener Kultur in der Schweiz. Eine Kultur der Jungsteinzeit vor etwa 3.500 bis 2.800 v. Chr.
Die Schnurkeramiker in der Schweiz. Eine Kultur der Jungsteinzeit vor etwa 2.800 bis 2.400 v. Chr.

www.ingramcontent.com/pod-product-compliance
Lightning Source LLC
Chambersburg PA
CBHW050300220526
45465CB00002B/761